进出境动植物检疫普法推荐
我身边的国门生物安全科普

美丽中国科普读物

赫赫有名的生物入侵者

HEHE YOUMING DE
SHENGWU RUQINZHE

主　编　周　培
副主编　孙旻旻　季　蓥　沈海军　张　婧

暨南大学出版社
JINAN UNIVERSITY PRESS

中国·广州

编委会

序

近年来，随着国际交往的日益频繁，我国与世界各地往来的人员、货物、邮寄物数量急增，特别是现代物流业和电子商务的飞速发展，为我国与国际社会信息交流、文化融合和贸易往来提供了新的发展契机，但也给我国生态环境、公共卫生等带来前所未有的风险和威胁。

进出境动植物检验检疫工作是遵循国际规则、履行法律赋予职责的必然要求，是保护生物物种资源、维护国门安全的必然要求，我国自2012年成为全球最大游客来源地以来，出入境旅客数量不断攀升，入境旅客数量屡创新高。狙击外来有害生物入侵，是检验检疫部门义不容辞的责任，检验检疫部门陆续开展了国门生物安全进校园、进机关、进客（船）舱等“六进”活动，并发挥科普教育基地、动植检实验室、标本展示室窗口作用，创新“开放日”形式，邀请社会公众广泛参与，对社会公众了解国门生物安全知识、参与保护生态环境的迫切需求做出了积极回应。普及国门生物安全防控知识，必须形成人人了解国门生物安全、人人关注国门生物安全、人人参与国门生物安全的良好格局，才能真正实现防患于未然的目标。熟悉和了解中国进出境动植物检验检疫法律法规是每个公民应尽的义务，为创新国门生物安全知识宣导与普及的方式，特别针对青少年群体，创作的“我身边的国门生物安全科普系列”从语言上去深奥艰涩，在内容上富创意趣味，形式上更生动灵活，使进出境动植物检验检疫工作的展示焕发出新的风采，使国门生物安全知识的传递更加灵活丰富，对于夯实维护国门生物安全的社会基础具有重要意义，也弥补了校园课外阅读中缺乏国门生物安全知识通俗读物的遗憾。

“美丽中国”作为生态文明建设的宏伟目标，把生态文明建设摆在总体布局的高度来论述，号召公众更加自觉地热爱自然，更加积极地保护生态，这也彰显了国门生物安全工作的重要性，更对宣传好国门生物安全法规知识提出了全新要求。青少年群体是支撑国家长远发展的中坚力量，他们的认知与理念关系国计民生与民族未来，对他们进行重点教育与交流互动，必将加倍回报于经济社会发展。希望通过本书的阅读，从青少年开始，有更多的社会力量加入关注和支持国门生物安全的工作中来，为建设美丽中国做出新的贡献。

陈建东

2018年1月

前　言

说到外来生物入侵，大家首先想到的是什么呢？一群外星人来到地球，发现这里环境优美，资源丰富，就想在这里定居。可是他们并没有和地球上的人类以及生物和平共处，而是肆意抢夺生活资源，侵占生存空间，破坏生态环境，把地球上的生物赶尽杀绝……然而，外来生物入侵并不只是科幻大片中的场景。

当欧洲人把兔子带到澳大利亚，

当美军把棕树蛇带上关岛，

当你将巴西龟放生到放生池中，

……

你知道是人类一次又一次充当了外来生物入侵的帮凶吗？

有些外来生物，其实就在你我的身边！

你品尝过美味的小龙虾吗？

你注意过荒地上成片开放的黄色花朵吗？

你听说过“松树癌症”吗？

……

现在就让我们打开书本，一同去认识和了解这些“生态杀手”吧！

编　者

2018年1月

目录
CONTENTS

葱葱茏茏的果园里，果树上已经开始挂果了，看来今年的水果会大丰收呢！诶，果树上怎么还有几个黄色的塑料“小灯”啊，这是干吗用的呢？是晚上给果树照亮促进果树生长的呢，还是挂在果园里灭蚊子的呢？

桔小实蝇成虫

藏在果肉里的桔小实蝇幼虫

实蝇是植食性昆虫，成虫产卵于果实内，幼虫孵化后蛀食果肉，使果实未熟先黄，提前脱落，极易腐烂，严重影响果品产量和质量。臭名昭著的诸如地中海实蝇、苹果实蝇、桔小实蝇都是从国外随水果运输、人为携带传入我国的，属世界检疫对象。它们食性杂，可以危害多种果树，且寿命长，繁殖能力强，一旦虫灾爆发会对果园造成巨大的经济损失。

使用诱捕器和引诱剂诱捕实蝇成虫，既可以动态监测实蝇种群发生情况，又可以有效捕杀实蝇雌性成虫，有效降低实蝇虫口数量，成为果园种植区对实蝇进行防治的一种手段。自 2000 年以来，检验检疫部门在全国 31 个省、自治区、直辖市设立了两万多个实蝇监测点， 拉起了全国检疫性实蝇监测网络，用来加强对这种外来有害生物的防控能力。

被桔小实蝇危害的柑橘

夏日的清晨，清爽的微风拂过公园的荷花池，亭亭的荷花随风起舞，然而，这一派安静美好的风景中却暗藏杀戮。荷花池的水面上，星星点点飘着一些翻了肚的小鲫鱼，仔细一看，这些鱼的遗骸多是残缺的；细细寻去，才发现西岸附近的水面有两只碗口大的巴西龟正撕拽一条挣扎的小鱼；再仔细观察，居然发现不大的一片荷花池里居然栖息着数量惊人的巴西龟。

巴西龟又名巴西红耳龟，原产于密西西比河流域，主要分布在美国和墨西哥。它是作为观赏物种引入我国的。中国人认为“放生”是一件功德无量的事情，因此“放生”成为巴西龟进入野生环境的主要原因。巴西龟作为外来物种，在没有天敌的情况下，它有着极强的适应能力和繁殖能力。在水中过度繁殖的巴西龟，会很快破坏水系的生态平衡，耗尽水中养分，间接导致其他水生鱼类、植物死亡；并且巴西龟携带的多种病原物也会直接传染给其他种类的龟鳖，给本地龟带来严重威胁，其中的沙门氏菌还会给人类带来威胁，因此成为一种恶性入侵物种。目前，巴西龟是IUCN（世界自然保护联盟）公布的全球最具威胁的入侵物种之一。

即将成熟收割的水稻秸秆上密密麻麻附着大量粉色块状物，每个都有 3~5 厘米长。近看，这些粉色块状物由密密麻麻的小颗粒组成，在阳光的照耀下，光亮而有质感。这就是福寿螺的卵块。

福寿螺与田螺的区别

1. 福寿螺的外壳颜色呈黄色，田螺的外壳颜色则为青褐色。

2. 福寿螺的椎尾平而短促，田螺的椎尾长而尖。

3. 福寿螺的螺盖形状偏扁，田螺的螺盖形状比较圆。

4. 福寿螺的肉颜色较浅，多为黄白色，而田螺的肉多为青褐色。

福寿螺原产于南美洲亚马孙河流域。1980 年作为食用螺引入我国台湾用于养殖，1981 年进入大陆，其后由于部分养殖户盲目引进，随意丢弃在野外，福寿螺从养殖地迅速向四周扩散。福寿螺为植食性，个体大、食性广、适应性强、生长繁殖快、数量多，不但严重危害水稻等作物，如在稻田，福寿螺会咬断水稻秧苗及其有效分蘖，造成巨大的经济损失。而且，福寿螺是广州管圆线虫和卷棘口吸虫的重要中间宿主，由于跟田螺长相相似，很多民众会捞回家吃掉，从而危害人类健康。福寿螺是 IUCN 公布的全球 100 种最具威胁的入侵物种之一。

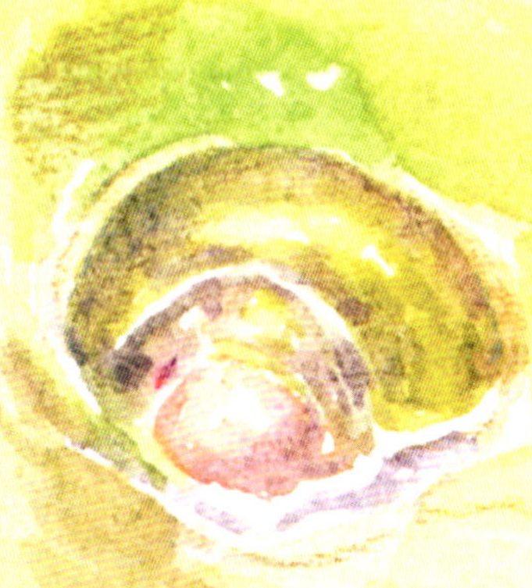

红火蚁

春耕过后，温暖湿润的气候环境使农田里的作物呈现出一片欣欣向荣之势，与此同时，田垄上、大树下一个个悄悄隆起的蚁丘并未引起大家的注意，人们在田间辛勤劳作，蚁丘里不起眼的小小居民也进进出出，开始建立自己新的家园。

秋风起，作物进入成熟季节，村里的大人小孩都开始忙碌起来，大人们在田里忙着收割，孩子们在田边村头边玩耍边给大人们当“助手”。然而突如其来的事故打破了村庄里原本和谐的气氛。原来农忙的人们一不小心碰到了这些“邻居”的新家，这些不起眼的小家伙就会毫不留情地送你一份见面礼——一片灼烧疼痛的大疱。

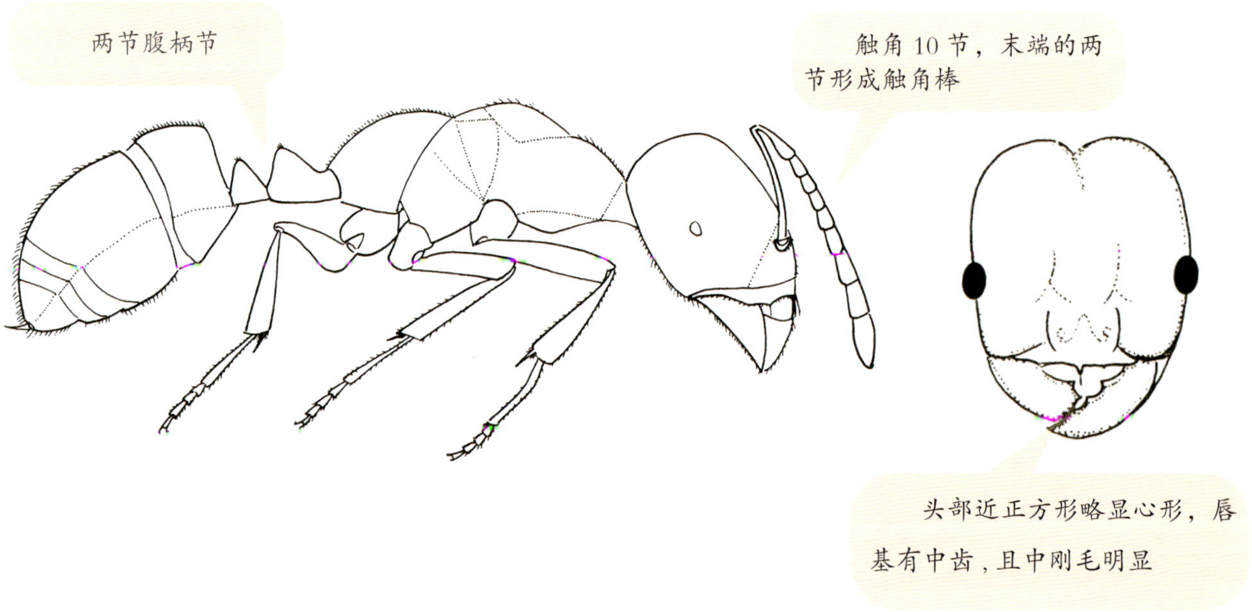

随着新旧“居民”间的冲突越来越多，人们决定要好好认识一下这些“入侵者”。这些“入侵者”名叫“红火蚁”，原产于南美洲，可随带土植物调运或垃圾运输等远距离传播，现已入侵美国、澳大利亚、新西兰及中国大陆和台湾等许多国家和地区。人们如果被红火蚁蜇刺后会有灼伤般的疼痛感，持续几分钟后出现灼伤般的水泡，随后会化脓形成小脓包。毒液易造成敏感体质人群产生过敏现象，甚至有休克、死亡的危险。红火蚁已造成农田弃耕，家禽咬伤，人类被攻击，危及敏感人群生命安全等多方面危害，对农业生产安全、公共安全和生态系统均构成严重威胁。红火蚁是 IUCN 公布的全球 100 种最具威胁的入侵物种之一。

西太平洋上的关岛，曾是一座野生生物博物馆，多种动植物和谐地生活在一起。第二次世界大战期间，关岛成了美军的重要军事基地和物资中转站，大量的军事装备被运上岛。美国人万万没有想到，他们还将一种与战争毫不相干的东西也带到了岛上，那就是原产于新几内亚岛的棕树蛇。关岛从来没有蛇，宁静而温暖的关岛成了棕树蛇的理想家园，更重要的是，岛上没有蛇类的天敌。短短50年，整个关岛蛇满为患。树上的鸟类遭遇灭顶之灾。在过去的50年里，12种鸟类、多种蜥蜴和蝙蝠葬身蛇腹。

棕树蛇还会攻击熟睡中的儿童甚至成人，由于其体型大，如果一个成年人被它缠住脖子，几分钟内就会窒息身亡。此外，棕树蛇还经常爬上高压电缆，造成断电。不堪其扰的关岛居民掀起了声势浩大的捕蛇运动。

后来动物学家发现棕树蛇对“对乙酰氨基酚”不耐受。于是2013年美国农业部在关岛上空空投了2 000只老鼠，这些老鼠体内被注入微量的“对乙酰氨基酚”后，被固定在两块纸板和纸条上，这样，老鼠们从高空坠落时可以飘挂在树枝上方便棕树蛇进食。希望这群“壮烈牺牲”的老鼠能够遏止岛上棕树蛇的生长。

又是一年一度吃小龙虾的季节，十三香、蒜泥、椒盐、酸辣等多种口味让人欲罢不能。散发着诱人香气的小龙虾，从路边的大排档到酒楼饭店的高档宴席，都少不了它的身影。

可是你们知道吗？美味的小龙虾其实是入侵物种，学名克氏原螯虾，原产于北美洲，由于其具有观赏与食用价值，被多个国家人为引种。在我国，小龙虾于20世纪20年代末由日本引入南京，主要用作食物，此后的60年内，其分布主要局限在江苏境内，但随着小龙虾的食用在全国盛行，许多省份纷纷引种，无序养殖，导致该物种在我国迅速扩张。

小龙虾环境适应能力极强，食性杂，繁殖能力强，生长速度快，因此一旦传入一个新地区，即可迅速建立种群，对入侵地的生物群落造成严重影响。小龙虾有掘穴打洞的习性，可对当地的土壤结构、农田和水利设施造成严重破坏；另外，它生性凶猛好斗，凶残贪食，能捕食多种原生生物，对本地的生物群落造成严重影响，严重破坏当地的生态环境。现在，除了南极洲之外的所有大陆都有小龙虾的身影，它已成为世界许多地区一种重要的入侵生物。

凤眼莲

簇簇绽放的凤眼莲形似热带兰，花瓣上偶尔可见黄、蓝斑点，形如凤眼，非常靓丽，作为盆景置于庭院，甚是美丽。每年的夏秋季节，凤眼莲的花期到来，其深绿色的叶子盖满水面，淡蓝色的花穗亭亭玉立，远眺观赏，蔚为壮观。可是如此美丽的植物，为什么会被人们称为“紫色妖姬”和“水域癌细胞”呢？

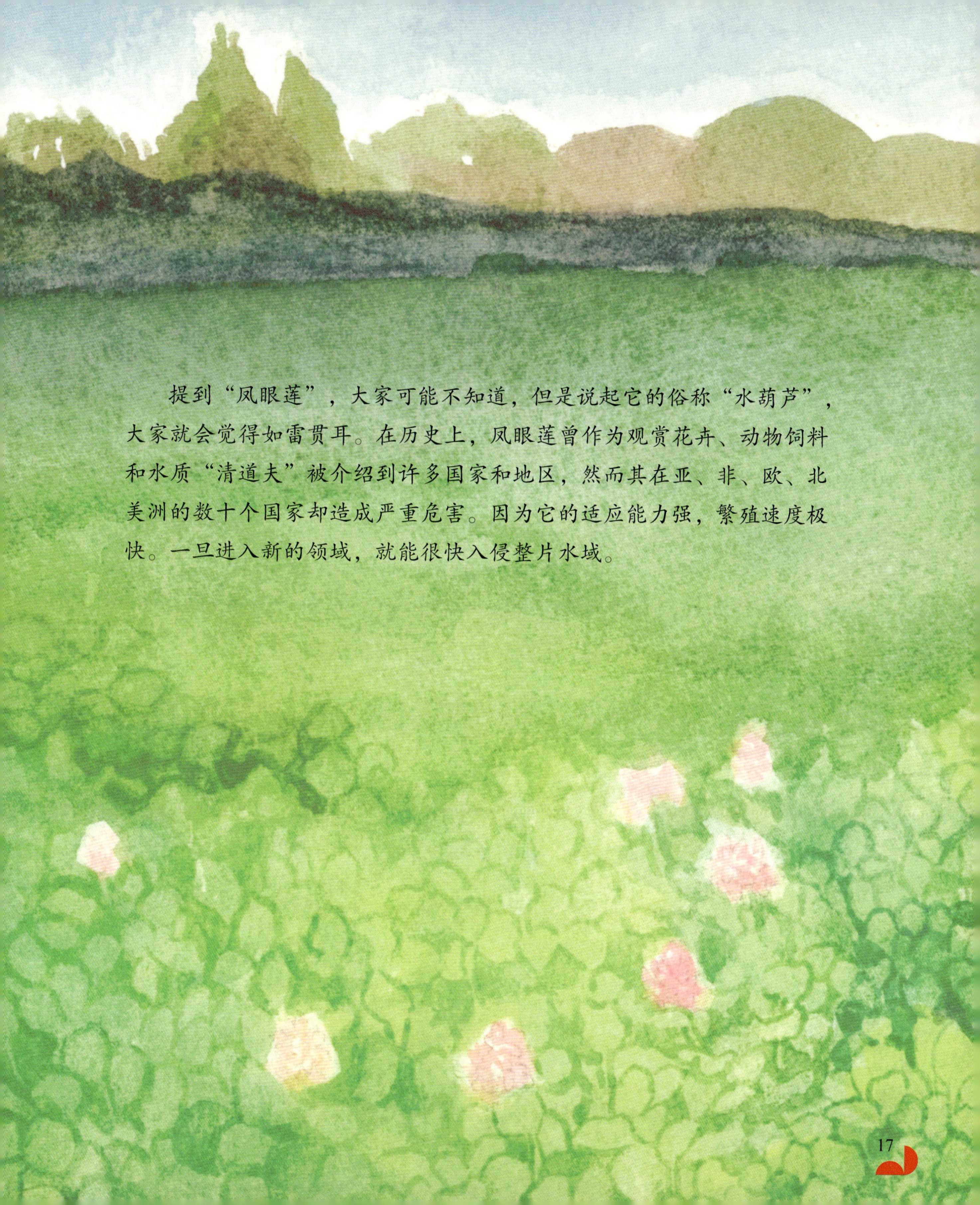

提到“凤眼莲”，大家可能不知道，但是说起它的俗称“水葫芦”，大家就会觉得如雷贯耳。在历史上，凤眼莲曾作为观赏花卉、动物饲料和水质“清道夫”被介绍到许多国家和地区，然而其在亚、非、欧、北美洲的数十个国家却造成严重危害。因为它的适应能力强，繁殖速度极快。一旦进入新的领域，就能很快入侵整片水域。

如果凤眼莲的生长得不到控制，它的叶子短时间内就会占据整个水面，遮挡阳光，阻隔大气，降低水体的透光度和溶解氧浓度，致使其他水生植物、水生动物因缺氧、缺光而死亡。除此之外，疯长的凤眼莲如果在电站大坝的水面上密集繁殖，会威胁水电站的正常运行和安全。如果它在河道、船闸附近大量生长，就可能堵塞河道，使航运受到严重影响。为此，多国政府每年斥巨资尝试用打捞、喷洒除草剂等方式控制凤眼莲。可惜这些努力大都收效甚微。到目前为止，凤眼莲仍被 IUCN 列为全世界十大害草之一。

金秋时节，公园、城市绿化带、高速公路两旁，以及荒地、河滩遍开黄花，这些黄花可不是带着丰收喜感的金黄色油菜花，它们是所到之处寸草不生的生态杀手——“霸王花”！

这种“霸王花”名叫“加拿大一枝黄花”，原产于北美，在北半球温带栽培，因其花形、色泽靓丽，常用作插花中的配花。1935 年，它作为庭院观赏植物引入我国，引种后逸生野外。在野外，加拿大一枝黄花根状茎发达、繁殖能力强、生长速度快，并且对胁迫环境具有一定的耐受性，与本地植物争夺阳光、肥料，直至其他植物死亡，进而在环境中迅速扩散。20 世纪 80 年代，逐渐扩散到河滩、路边荒地、铁路两旁、农田边、农村住宅四周。目前在我国浙江、上海、安徽、湖北、江苏、江西、四川、云南、辽宁等地均有分布，并且还在不断扩散，已成为对生态环境和农业生产威胁很大的恶性杂草。

穴兔
Rabbit
Keeping
Penalty
$44,000max

在澳大利亚昆士兰州的街头，有一种特殊的警示牌。在这里，禁止普通民众饲养兔子，否则会受到4.4万澳元的罚款，甚至还会面临监禁。也许你会感到奇怪，小兔子这种温顺可爱、软萌善良的小动物怎么会在澳大利亚遭受如此待遇呢？那是因为，澳大利亚曾由于兔子而遭遇人类历史上损失最为惨重的生物入侵事件。

在辽阔的澳大利亚，原本并没有兔子。19世纪，兔子被欧洲殖民者带上这片肥沃的大陆，由于澳大利亚没有鹰、狐狸和狼这些兔子的天敌，于是来到这里的欧洲兔子发现自己到了天堂：这里气候宜人，遍地是可口的青草，四周又看不到敌人的踪影；另外这里土壤疏松，打洞做窝也非常方便。于是，一场几乎不受任何限制的可怕扩张开始了。几十年间，澳大利亚的兔子从几十只繁殖成了一百亿只。兔子的急剧增长使得澳大利亚水土流失严重，土壤退化，农作物减产，给澳大利亚的原生植物、动物带来了浩劫。

为了抑制兔子的扩散和繁殖，澳大利亚人真可谓用尽了办法。从最传统的猎杀、布网、堵洞，到较为“先进”的释放毒气以及在胡萝卜里下毒等手段，他们全都试过，但是收效甚微，小小的兔子让澳大利亚人谈之色变。

傍晚，微风吹拂，舒适惬意，饭后在江边散步的人，忍不住撸起袖管撩一撩江水。不料，突然有人惨叫一声，周围的人群聚过来一看，原来有人被一条鱼咬住了手掌，忍痛将鱼甩上了岸，却发现手掌几乎被啃掉一块肉，血肉模糊。众人惊得脸色大变，纷纷说：“水中怎么会有这么凶猛的鱼呢？”再看那鱼，个头不大，但一口锋利的牙齿十分吓人。

经过鉴定，在江边袭击人类的鱼叫食人鲳，又叫红腹食人鱼，它原产自南美洲亚马孙河流域，通过人类垂钓、贩卖造成逃逸，成为外来入侵物种。

食人鲳长有与众不同的三角形牙齿，咬力惊人，能够轻易将猎物撕裂。进食时，它们将猎物吃得干干净净，只留下一堆白骨。

食人鲳一旦在入侵地建立种群，即成为水域食物链顶级动物，强烈挤占原生水生动物的栖息地，改变水生动物的生物群落结构，降低生物多样性，严重破坏生态环境。

松材线虫

古人云："黄山之美始于松。"黄山松是黄山"四绝"之首，黄山无峰不石，无石不松。七十二峰，处处都有青松点染，如一支支神奇的画笔，把五百里黄山抹上了生命的色彩。如果黄山上没有了松树，那黄山奇景必然黯然失色。但是，美丽的黄山松因为一种外来入侵有害生物——松材线虫，而时刻面临着生命威胁。

松材线虫源自北美洲。1905年，日本九州岛的长崎，突然大片松林感染病害枯死，后来专家发现该病害的罪魁祸首是松材线虫，因此，将该病害命名为“松材线虫病”。松材线虫是通过入境货物的木质包装，以及鲜活松树苗木调运进行传播入侵的。进入新的环境后，它们通过媒介昆虫在松树上取食和产卵，进入松树体内，引发松材线虫病。

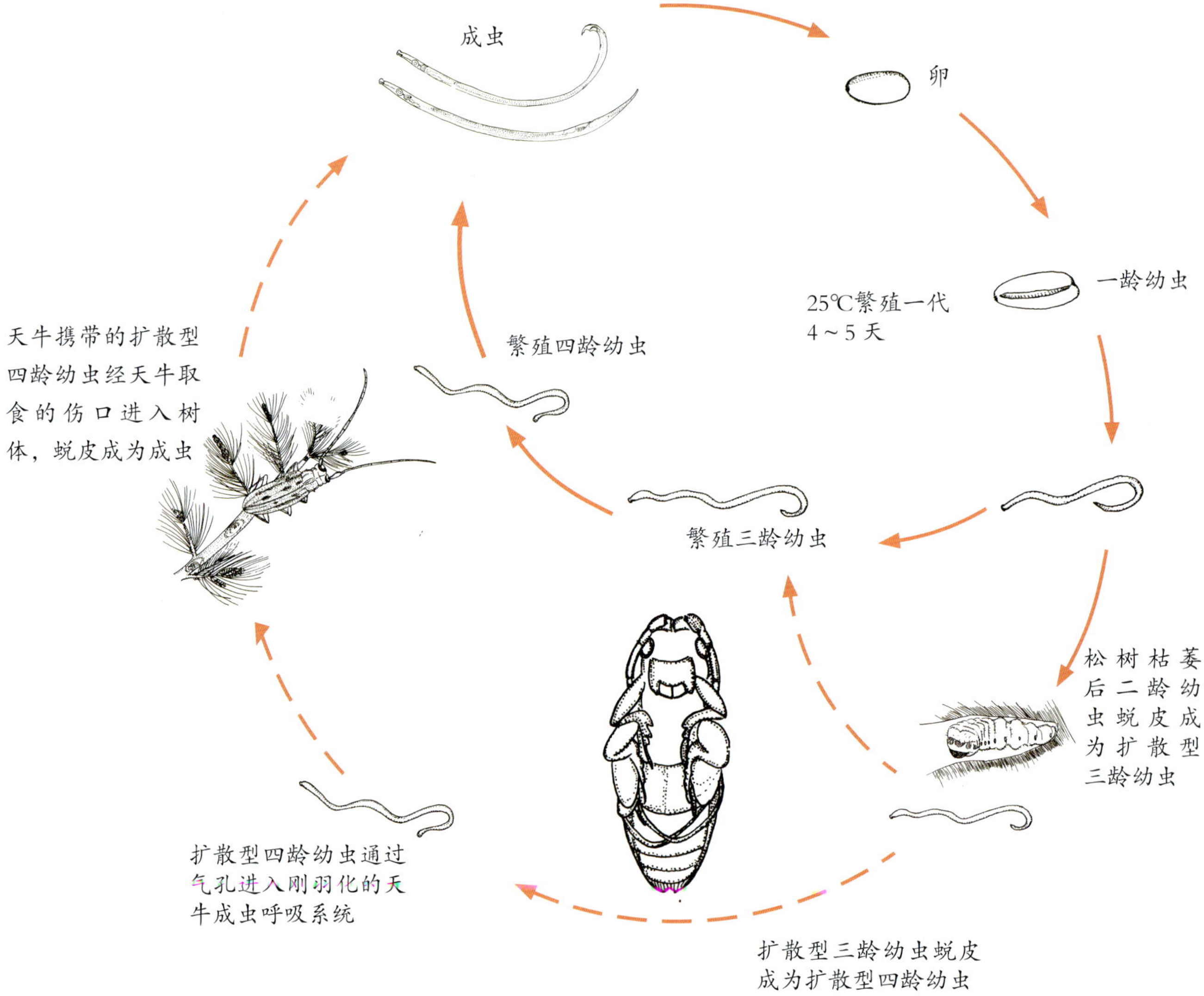

松材线虫病又称“松枯萎病”，是一种毁灭性病害。因它发病速度快、传播蔓延迅速和防治难度大等特点，被称为松树的“癌症”。被松材线虫感染后的松树，针叶呈黄褐色或红褐色，萎蔫下垂，树脂分泌停止，树干可观察到天牛侵入孔或产卵痕迹，病树整株干枯死亡，最终腐烂，对森林资源、自然景观和生态环境造成了严重破坏。

后 记

《赫赫有名的生物入侵者》是介绍外来入侵生物的科普绘本读物，旨在让青少年和非专业读者在阅读中掌握生态安全知识，了解我们身边的生物安全。

在我们的身边有很多的动植物朋友们，他们有的已经在这片土地上扎根生活了很久，有的则是偷偷潜入的不速之客，有的是我们获取美味食物、欣赏美丽风景的来源；而有的则充满了一发不可收拾的破坏力。我们每个人都是大自然的一员，不经意的一举一动或多或少都会影响到身边的环境，只有加深对身边生态保护相关知识的了解，才能够更好地保护我们赖以生存的环境。

本书通过图文结合的方式，用通俗的语言介绍了生物入侵的相关专业知识，可以增进对生态安全、入侵生物学以及昆虫等专业知识的了解，作为校外阅读或科普学习的有益补充。希望本书能够为您打开一个新的窗口，去更多地了解我们身边的大自然。

CIQ
国门生物安全
FRONTIER BIOSAFETY

微信“扫一扫”加关注

“生物安全科普园”微信订阅号